흥미롭고 놀라운 비교

동물과 나

마리 그린우드 글·김경희 옮김

효리원
hyoreewon.com

A Dorling Kindersley book
www.dk.com

동물과 나

2012년 8월 15일 1판 2쇄 펴냄
2011년 1월 20일 1판 1쇄 펴냄
펴낸곳 (주)효리원 · 펴낸이 윤종근
글쓴이 마리 그리우드 · 옮긴이 김경희
등록 1990년 12월 20일 · 번호 2-1108
우편 번호 110-360 · 주소 서울시 종로구 와룡동 27-2
대표 전화 3675-5222 · 편집부 3675-5225 · 팩시밀리 765-5222
잘못 만들어진 책은 구입하신 서점에서 바꾸어 드립니다.
ISBN 978-89-281-0010-1 63490
홈페이지 www.hyoreewon.com

Animals and me

차 례

동물을 만나요!.........................4

몸의 모양을 만들어요.................6

몸을 감싸고 있어요...................8

걸음을 걸어요........................10

몸을 움직여요........................12

헤엄을 쳐요..........................14

곰곰 생각해요........................16

사물을 보아요........................18

소리를 들어요........................20

냄새를 맡아요........................22

사물을 느껴요........................24

맛을 보아요..........................26

꼭꼭 씹어요..........................28

이야기를 나누어요...................30

몸을 보호해요........................32

아기가 태어나요.....................34

가족을 이루어요.....................36

쑥쑥 자라요..........................38

나이를 먹어요........................40

잠을 자요............................42

누가 최고일까요?....................44

용어 설명............................46

찾아보기.............................48

동물을 만나요!

놀라지 마세요. 우리 사람도 동물 가운데 하나랍니다.
그럼, 이 세상에 얼마나 많은 동물이 살고 있는지 한번 알아볼까요?

동물의 갈래

동물은 일정한 특징을 가지고 있는 것끼리 무리를 지을 수 있어요. 이렇게 하면 동물을 이해하기가 훨씬 쉬워요. 자, 그럼 동물을 나누는 큰 갈래들을 살펴볼까요?

사람은 포유류

우리 사람은 포유류라는 동물 갈래에 속해요. 포유류에는 침팬지, 사자, 호랑이 심지어는 박쥐도 있어요.

말

포유류

포유류는 피가 따뜻하고 새끼에게 젖을 먹이는 동물들이에요. 허파로 숨을 쉬고 몸은 털로 뒤덮여 있어요.

바다표범

고릴라

범고래

자이언트 판다

물총새

조류

조류는 새들을 말해요. 깃털이 있고 알을 낳아요. 대부분 하늘을 날지만 펭귄같이 몇몇 큰 새들은 날지 못해요.

홍학

올빼미

펭귄

배너피시

금붕어

앤젤피시

가오리

어류

어류는 물속에 사는
물고기를 말해요.
겉면이 비늘로 덮여 있고
지느러미가 있어요. 숨은
아가미로 쉬어요.

물총고기

리갈탱

흰동가리

뱀장어

뱀

도마뱀붙이

파충류와 양서류

파충류는 건조한 피부에
비늘이 있어요. 하지만
어떤 파충류는 딱딱한
껍데기를 가지고 있기도
해요. 양서류는 피부가
얇고, 물에서 살기도 하고
땅에서 살기도 해요.

악어

거북

독화살개구리

나비

물결넓적꽃등에

잠자리

무척추동물

무척추동물은 등뼈가
없는 동물을 말해요.
대부분의 곤충들이
무척추동물이지요.
무척추동물의 수는
무척 많아요.

지네

거미

문어

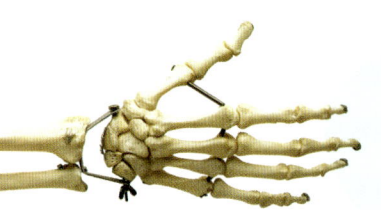
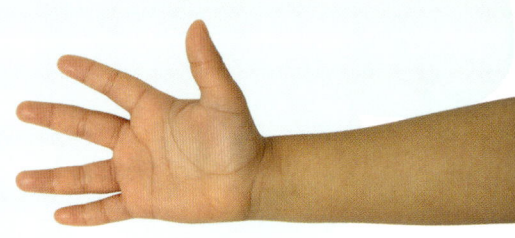

안녕?

몸의 모양을 만들어요

뼈는 우리 몸의 모양을 만들고 힘을 쓸 수 있게 해 줘요. 또 몸속의 부드러운 부분을 보호해 줘요. 다른 동물의 뼈도 이와 비슷한 일을 해요. 어떤 동물들은 몸속에 뼈가 있지만, 어떤 동물들은 몸 밖에 뼈가 있어요.

우리 몸의 뼈

우리 몸은 206개의 뼈로 이루어졌어요. 뼈들은 꽤 가벼워서 우리가 쉽게 몸을 움직일 수 있도록 해 줘요. 가장 꼭대기에 있는 단단한 뼈를 머리뼈(두개골)라고 해요. 머리뼈는 뇌가 상하지 않도록 보호하는 일을 해요.

머리뼈 아래에서 엉덩이 부위까지 33개의 뼈가 이어져 있는데, 이 작은 뼈들을 척추뼈라고 해요. 척추뼈에는 갈비뼈가 연결되어 있어서 심장과 허파를 보호해 줘요.

사람은요!
우리 몸에서 가장 긴 뼈는 넙다리뼈예요.

6

동물의 뼈

조류, 포유류, 어류는 등뼈를 가지고 있어서 척추동물이라고 해요. 하지만 곤충이나 거미는 척추가 없어서 무척추동물이라고 불러요.

푸드덕!
푸드덕!

동물은요!

개구리는, 척추는 짧지만 다리가 길어 힘차게 뛸 수 있어요.

새의 뼈는 가볍고 속이 비어 있어서 날기에 좋아요.

야옹!

고양이는 척추뼈, 갈비뼈, 머리뼈 등으로 이루어져 있어요.

딱정벌레는 갑옷을 입은 것처럼 딱딱한 껍데기가 몸의 겉면을 감싸고 있어요.

곤충과 거미는 단단한 껍데기가 몸의 겉면을 싸 몸을 보호하고 있어요. 몸은 마디로 나누어져 있어요.

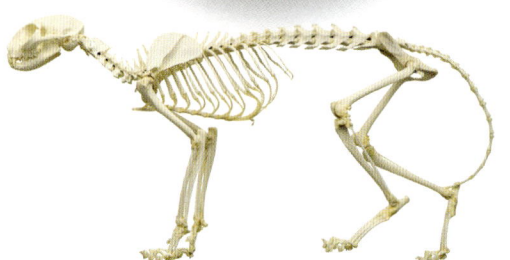

꿈틀꿈틀!

지렁이는 몸에 뼈가 없어요. 대신 작은 마디로 이루어져 있어요.

그래서 물속을 매끄럽게 헤엄칠 수 있답니다.

물고기는 척추가 유연해서 몸을 이쪽저쪽으로 구부릴 수 있어요.

몸을 감싸고 있어요

우리 몸은 피부가 몸 전체를 감싸고 있어요. 피부는 우리 몸이 다치거나 병에 걸리지 않도록 보호해 줘요. 동물들도 여러 모양의 피부로 추위와 위험으로부터 자신을 보호해요.

사람의 피부

사람의 피부는 체온이 적당하게 유지되도록 도와줘요. 갓 태어난 아기의 피부는 털이 없는 것처럼 보이지만 사실은 아주 작은 털로 덮여 있어요.

사람은요!
피부는 우리 몸에서 가장 넓은 기관이에요.

뻐끔!

물고기의 몸은 비늘이라 부르는 작은 조각들로 덮여 있어요. 비늘은 물고기를 보호해 줄 뿐만 아니라 물속에서 자유롭게 움직일 수 있도록 도와줘요.

똑똑! 계세요?

거북의 딱딱한 등딱지는 부드러운 몸통을 보호해 줘요. 하지만 등에 지고 다니기에는 너무 무거워요.

야옹!

고양이는 다른 포유동물들처럼 몸이 털가죽으로 덮여 있어서 따뜻하고 뽀송뽀송하게 지낼 수 있어요. 고양이는 혓바닥으로 털가죽을 몇 시간이나 핥아서 몸을 깨끗하게 만들어요.

동물의 피부

동물의 피부는 다양해요. 털, 털가죽, 비늘, 심지어 뾰족한 가시로 된 것도 있어요. 하지만 새는 깃털로 덮여 있어요. 깃털은 추위와 물기를 막아 주고 날 수 있도록 도와주어요.

코뿔소는 아주 튼튼한 가죽 피부를 가지고 있어요. 그래서 다른 동물이 웬만큼 물어서는 아프지 않답니다.

쐐기벌레는 가시로 된 털을 가지고 있어서 다른 동물들이 쉽게 잡아먹을 수 없어요.

무당벌레는 딱딱한 딱지날개를 가지고 있어서 다른 곤충들의 공격을 막아 낼 수 있어요.

깨물 수 있으면
깨물어 봐!

쿵쾅!

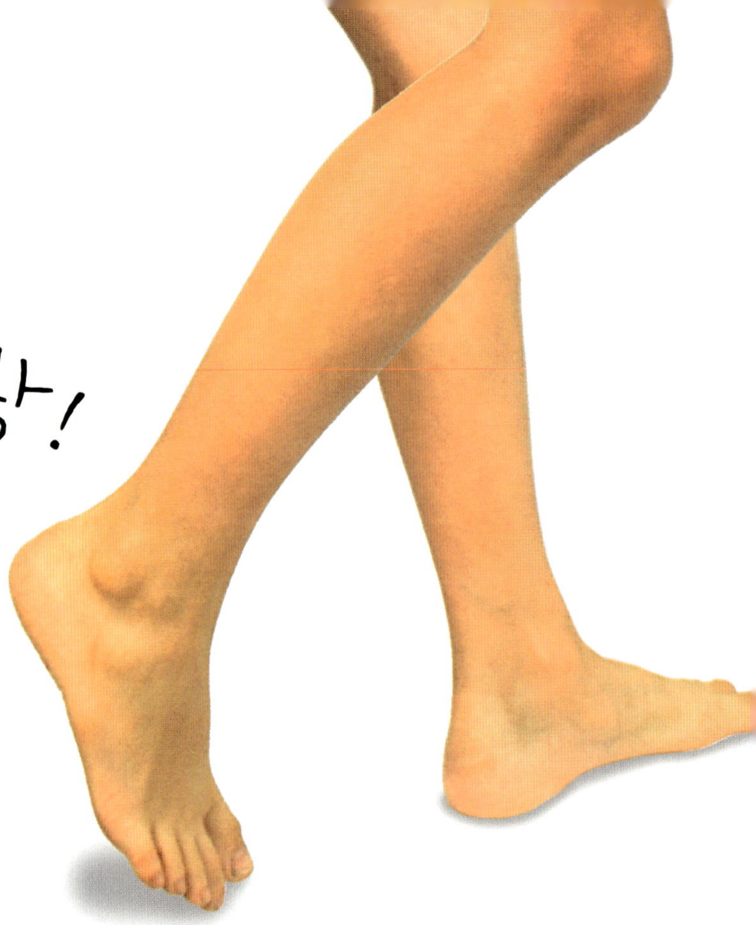

쿵쾅!

코끼리는 발이 평평한 것처럼 보이지만, 사실은 발끝으로 걸어 다닌답니다. 발가락은 발 안쪽에 숨겨져 있어요.

사람은 발과 다리에 있는 튼튼한 근육 덕분에 걷기, 달리기, 높이뛰기, 줄넘기, 깡충깡충 뛰기를 할 수 있어요.

걸음을 걸어요

우리 사람은 두 발로 똑바로 걷기 때문에 두 손을 자유롭게 쓸 수 있어요. 하지만 대부분의 포유류와 파충류는 네 발로, 곤충들은 여섯 개의 발로 걸어요.

사람의 발

사람의 발에는 뼈가 아주 많아요. 그 중에서 단 두 개의 뼈가 우리 몸을 지탱하고 있어요.

동물의 발

동물의 발은 모양도 크기도 여러 가지예요. 수영을 잘하는 동물, 빨리 걷는 동물, 깡충깡충 뛰는 동물 등 동물의 특징에 맞게 생겼어요.

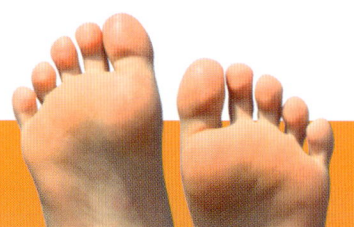

따가닥!

따가닥!

타조는 날지 못하지만, 무척 빨리 달릴 수 있어요. 타조는 발가락에 있는 뼈를 이용해 달려요.

말은 발굽을 이용해 달려요. 발굽은 아주 딱딱한 발톱이에요.

캥거루는 뒷발 끝이 길어 깡충깡충 뛸 때 땅바닥을 박차고 오르기 좋아요.

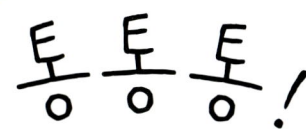

사람은요!
발바닥은 우리 몸에서 가장 두꺼운 피부예요.

두더지는 넓고 무딘 앞발을 삽처럼 이용해서 땅을 파요.

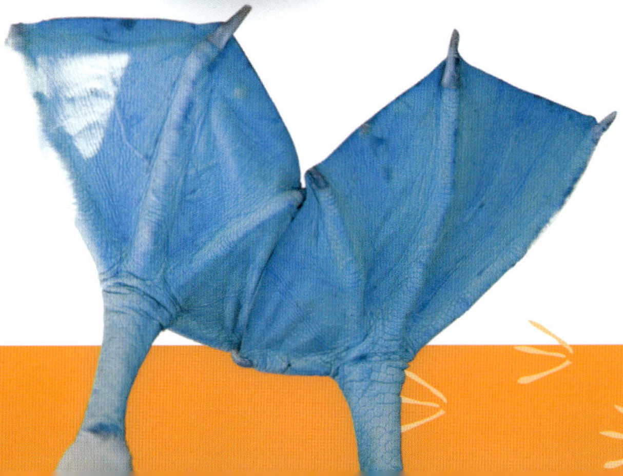

통통통!

오리의 발에는 물갈퀴가 있어서 수영할 때 발을 노처럼 사용할 수 있어요.

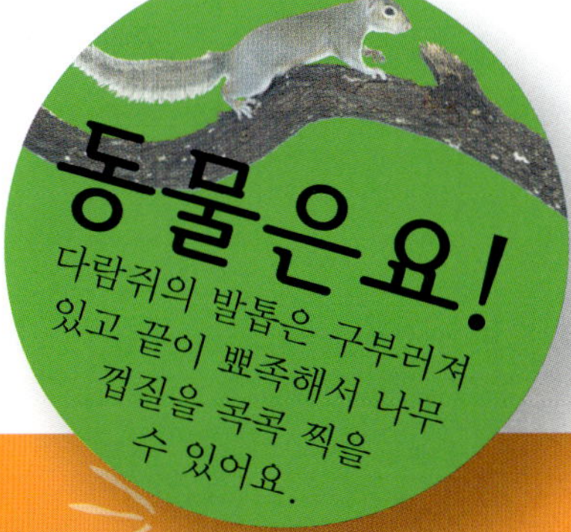

동물은요!

다람쥐의 발톱은 구부러져 있고 끝이 뾰족해서 나무 껍질을 콕콕 찍을 수 있어요.

몸을 움직여요

우리는 몸을 움직일 때 수백 개의 근육을 사용해요. 동물들은 땅 위를
꿈틀꿈틀 기기도 하고, 하늘을 훨훨 날기도 하는 등 온갖 방법으로 몸을 움직여요.

동물의 이동

동물들은 먹이를 찾기 위해, 짝짓기를 하기 위해, 또는 자신을 잡아먹으려 하는 다른 동물을 피하기 위해 몸을 움직여요.

송골매는 먹잇감 위에서 날갯짓을 하지 않고 조용히 날면서 먹잇감을 낚아챌 기회를 노려요. 송골매가 땅으로 빠르게 내려올 때의 속도는 시속 320 킬로미터나 돼요. 새 중에서 가장 빠르지요.

휙!

웅웅!

벌새는 공중에서 제자리에 가만히 떠 있을 수 있어요. 또한 뒤쪽을 향해 날 수도 있어요.

치타는 땅 위에 사는 동물 가운데 가장 빠른 동물이에요. 스포츠카보다도 더 빨리 달릴 수 있어요.

영양은 수줍음이 많고 얌전한 동물이에요. 하지만 위험이 닥치면 빨리 도망칠 수 있어요.

하나!

둘!

셋!

풍덩!

개구리는 힘 센 뒷다리를 이용해서 높이 뛸 수 있어요. 땅에 내려설 때에는 앞다리를 이용해서 몸을 보호하지요.

두더지는 앞발로 흙을 옮겨 가며 땅굴을 파요.

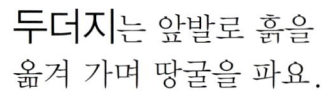

우리는 어떻게 움직일까요?

우리가 움직이는 건 뇌가 신호를 보내기 때문이에요. 뇌는 몸의 각 근육에게 신호를 보내 언제 달리고, 언제 높이 뛰어야 하는지를 알려 줘요.

사람은요!
우리는 걸음을 걸을 때 약 200개의 근육을 사용해요.

잠자리는 정말 놀라운 비행 선수예요. 공중에서 제자리에 가만히 떠 있을 수도 있고, 뒤로도 날 수 있어요. 갑자기 방향을 휙 바꿔 날 수도 있어요.

팔랑팔랑

나비와 나방은 팔랑팔랑 날갯짓을 하며 날 수 있을 뿐만 아니라, 날개를 움직이지 않고 가만히 미끄러지듯이 날 수도 있어요. 곤충들 가운데 나비와 나방의 날개에만 비늘이 있어요.

박쥐는 포유류 가운데 날 수 있는 유일한 동물이에요. 박쥐는 날개로 벌레를 잡을 수도 있어요.

뱀은 갈비뼈로 땅바닥을 기어다녀요.

스르륵!

나무늘보는 나뭇가지를 옮겨 타면서 천천히 움직여요.

거북은 등에 무거운 등딱지를 메고 있기 때문에 천천히 움직일 수밖에 없어요.

지렁이는 몸을 굽혔다 펴면서 앞으로 움직여요.

달팽이는 배 부분에 있는 말랑말랑하고 평평한 발로 천천히 움직여요.

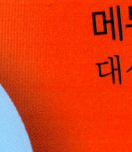

메뚜기는 잘 날지 못하는 대신 뜀뛰기를 잘해요.

캥거루는 긴 두 발을 밀어붙이면서 깡충깡충 뛰어다녀요.

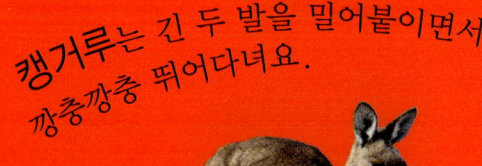

동물은요!
호주 로켓개구리는 자신의 키보다 50배나 높이 뛰어오를 수 있어요.

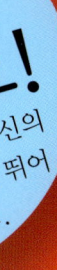

통통통!

말은 수영을 잘해요. 다리로
물을 저으면서 물속에서 노는
것을 좋아하지요.

이이잉!!

개구리는 길고
튼튼한 뒷다리와
물갈퀴가 달린 발로
물을 헤쳐 나가요.

헤엄을 쳐요

물고기와 개구리, 그리고 다른 바닷속 동물들은 태어날 때부터 수영을 잘하지만,
사람은 수영하는 방법을 따로 배우고 익혀야 해요.

숨쉬기
사람은 숨을 참고 물속에
오래 있을 수 없어요. 금방
물 위로 올라와 공기 중의
산소를 들이마셔야 해요.

물고기는 아가미로
물에서 산소를 얻어요.

평영을 할 때에는 개구리처럼 두 팔과 두 다리를
힘차게 곧게 뻗어요. 그래서 평영을 개구리헤엄이라고도 해요.

첨벙첨벙! 첨벙첨벙!

헤엄치는 포유류

포유류는 물속에서 살 수 있는 몸은 아니지만, 수영은 할 수 있어요. 개도 대부분 수영을 할 수 있어요. 사람들은 개가 헤엄치는 모습을 보고 개헤엄을 치기도 해요!

문어는 바닷속에서 물을 들이마셨다가 내뿜을 때 앞으로 나아가요.

해파리는 몸통을 열었다 닫으며 헤엄을 치는데, 헤엄치는 힘이 약하기 때문에 물 위를 떠다니며 살아요.

물고기는 몸통을 이리저리 구부리면서 헤엄치는데, 지느러미로 방향과 균형을 잡아요.

뻐끔뻐끔!

해마는 꼿꼿이 서서 아주 천천히 헤엄쳐요. 다른 동물들로부터 자신을 보호해야 할 때는 꼬리를 해초나 산호에 말고 꼼짝 않고 서 있어요.

곰곰 생각해요

사람은 생각을 할 줄 알아요. 이것은 사람과 동물을 비교했을 때 가장 큰 차이점이에요. 하지만 동물들도 그들 나름대로 지능을 가지고 있어요.

사람의 뇌

뇌는 사람을 사람답게 만드는 가장 중요한 기관이에요. 우리는 뇌를 통해서 생각하고, 판단하고, 기억을 해요. 웃고, 노래하고, 말하고, 움직일 수 있는 것도 모두 뇌가 있기 때문이에요.

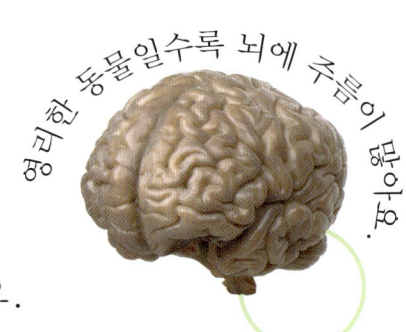

영리한 동물일수록 뇌에 주름이 많아요.

사람은요!

우리의 뇌는 주먹 두 개 정도의 크기예요.

코끼리는 기억력이 대단해요. 몇 달 전에 갔던 물웅덩이도 기억을 하고 찾아갈 수 있어요.

동물의 뇌

대부분의 동물들이 뇌를 가지고 있지만, 그 중에서 몇몇 동물만이 발달한 뇌를 가지고 있어요. 사람 다음으로 가장 영리한 동물은 돌고래, 침팬지, 문어예요.

양은 다른 양의 얼굴을 잘 알아봐요. 우리 눈에는 다 똑같은 양으로 보이지만 말이에요.

침팬지는 사람과 가장 비슷한 지능을 가졌어요. 거울 속의 자기 모습을 알아볼 수 있고, 간단한 도구도 사용할 수 있어요.

음매~

동물은요!

납작벌레는 미로에서 길을 찾을 수 있어요.

돌고래는 재주를 부릴 줄 알고, 배 옆에서 함께 헤엄쳐 갈 수도 있어요. 그뿐만 아니라 함선이나 잠수함 경비를 맡을 수도 있어요.

풍덩!

뇌가 크다고 해서 무조건 영리한 건 아니에요. 동물의 덩치와 비교했을 때 뇌의 크기가 얼마나 되느냐 하는 점이 더 중요해요.

문어는 무척 영리해서 서로 다른 모양과 문양을 구분할 수 있어요. 또 뚜껑 열기처럼 어려운 일도 할 수 있어요.

개미들은 함께 일할 때 매우 똑똑해요. 개미들은 장애물을 지나갈 때 서로서로 도와요.

어떤 종의 개는 무척 영리해서 여러 가지 일을 하도록 훈련시킬 수 있어요. 래브라도 레트리버는 시각 장애인의 길 안내를 아주 훌륭히 해낸답니다.

바다사자는 코끝으로 공을 잡거나 균형 잡는 것과 같은 재주를 부릴 수 있어요.

이 예쁜이는 누구일까요?

앵무새는 사람의 말을 흉내 낼 수 있어요. 심지어 어떤 새들은 문장 전체를 말할 수도 있어요.

사물을 **보아**요

우리의 눈은 뇌와 힘을 합쳐 사물을 보는 거예요. 부엉이, 올빼미와 같은 맹금류를 비롯한 몇몇 동물들은 사람보다 훨씬 더 잘 볼 수 있어요.

사람의 눈
우리 눈이 무언가를 쳐다보면 눈에 있는 시신경이 재빨리 뇌에 정보를 보내요. 그러면 뇌는 우리가 보고 있는 것이 무엇인지를 알려 준답니다.

사람은요!
우리는 하루에 9,000번 이상 눈을 깜박여요.

카멜레온은 두 눈을 따로따로 움직일 수 있어요. 그래서 동시에 서로 다른 방향을 볼 수 있답니다.

안경원숭이는 자신의 뇌보다 더 큰 눈을 가지고 있어요. 그래서 어두운 밤에도 잘 볼 수 있어요.

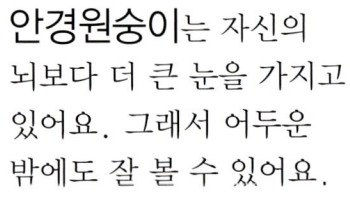

찍찍!

18

동물의 눈

어떤 동물은 좋은 시력 덕분에 위험에서 살아남을 수 있어요. 부엉이, 올빼미와 같은 맹금류들은 먹잇감을 찾기 위해 먼 곳까지 볼 수 있어야 해요.

파리는 크고 둥근 눈 덕분에 어떤 방향에서 오는 물체도 금방 알아차릴 수 있어요. 대신 자세히 볼 수는 없어요. 파리에게 세상은 수많은 점들로 이루어진 것처럼 보여요.

웅!

깍깍!

많은 **새**들은 머리 양쪽에 눈이 있어서 모든 방향을 볼 수 있어요. 맹금류들의 눈은 약간 앞쪽을 보고 있어서 먹이가 있는 곳까지의 거리를 가늠할 수 있어요.

동물은요!

큰도마뱀은 눈이 세 개예요. 정수리 부분에 눈이 하나 더 있지요.

갯가재는 동물의 왕국에서 가장 복잡한 눈을 가지고 있어요. 그래서 여러 가지 모양의 산호나 먹이를 잘 찾아낸답니다.

깡충거미는 여덟 개의 눈을 가지고 있어요. 이 가운데 가장 큰 쌍은 앞쪽을 보고 있어서 먹이를 정확하게 잡을 수 있어요.

가젤은 시력이 아주 좋아서 다른 동물의 움직임을 빨리 알아차려요. 그 덕분에 가젤을 잡아먹으려는 동물들로부터 재빨리 벗어날 수 있어요.

찍찍!

찍찍!

소리를 들어요

우리는 귀로 소리를 듣거나 몸이 흔들리지 않게 균형을 잡아요.
많은 동물들은 사람보다 훨씬 더 소리를 잘 들어요.

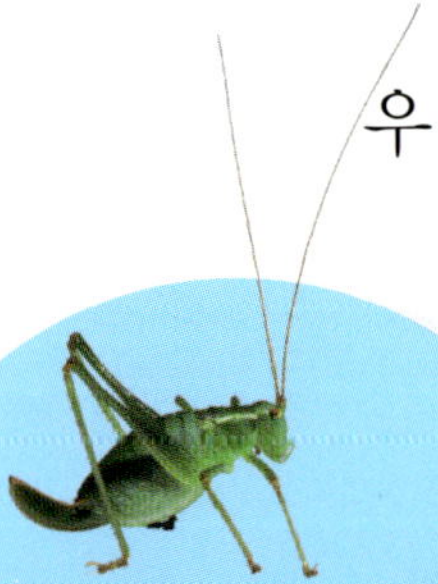

갸우뚱!

동물의 귀

동물이 들을 수 있는 주파수나
음높이는 서로 달라요. 박쥐는 매우
높은 주파수의 소리를 들을 수
있지만, 사람은 들을 수 없어요.

코끼리는 아주 큰 귀를 가지고 있지만,
다른 동물보다 더 귀가 밝은 건
아니에요. 그 대신 코끼리는 큰 귀를
접어 뜨거운 태양을 가리는 그늘을 만들
수 있어요.

여우는 귀를 갸우뚱 움직여
소리가 어디에서 나는지
알 수 있어요.

끽끽!

돌고래가 꾸우꾸우 또는 끽끽
소리를 내면 바닷속의 물체에
소리가 부딪힌 다음, 돌고래의
귀에 다시 메아리로 돌아와요.

동물은요!

귀뚜라미는 귀가
앞다리에 있어요.

짹짹!

박쥐는 귀가 어마어마하게
밝아요. 박쥐는 커다란 귀로
어둠 속에서 먹이가 내는
소리의 울림을 잡아내요.

사람은요!
귀는 사람들마다
모양이 다 달라요.

사람의 귀
얼굴 양쪽에 달려 있는 것을 귀라고 불러요.
날개처럼 생긴 부분을 귓바퀴라고 하는데,
귓바퀴는 공기 중의 소리를 모아 귀의
안쪽 부분에 전달하는 일을 해요.

여보세요?   여보세요?

소리는 아주 작은 떨림으로
만들어져요. 그림과 같이
전화놀이를 해 보면, 여러분
목소리의 떨림이 실을 타고 다른
편 친구에게 전달되는 것을 알 수
있어요.

돌고래의 귀는 아주 작은 구멍이에요.

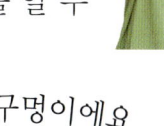

끽끽! 끽끽!

냄새를 맡아요

우리는 코로 숨을 쉬고 냄새도 맡아요. 어떤 동물들은 사람보다 훨씬 더 냄새를 잘 맡아요. 그런 동물들은 먹이를 찾을 때 코를 이용해요.

뿌우우우!

동물의 코
동물들은 아주 영리하게 코를
이용해요. 코끼리는 기다란 코로
물을 빨아올려 마시기도 하고
몸에 뿌리기도 해요.

동물은요!
뱀은 혓바닥으로
냄새를 맡아요.

코끼리는 코로 음식을
집어 먹기도 하고,
나무를 쓰러뜨리기도 하고,
통나무를 굴리기도 해요.

사람의 코

우리가 음식이 맛있다고 느끼는 것은 사실 냄새를 맡기 때문이에요. 코 안쪽 부분이 입과 연결되어 있어서 음식을 먹을 때에 냄새도 함께 맡기 때문이지요.

음, 맛있는 냄새……!

 **개미핥기**의 기다란 코는 개미집 안쪽까지 들어갈 수 있어요.

 **낙타**의 콧구멍은 길고 가느다란 틈으로 되어 있어요. 낙타는 콧구멍을 막아서 코에 모래가 들어오는 걸 막아요.

강아지의 코는 아주 촉촉해요!

 **개**는 냄새를 무척 잘 맡아요. 그래서 아주 멀리 떨어진 곳에서 나는 냄새까지도 맡을 수 있어요. 개의 코는 항상 축축하게 젖어 있어요.

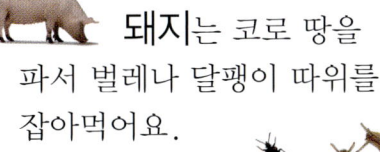 **돼지**는 코로 땅을 파서 벌레나 달팽이 따위를 잡아먹어요.

킁킁!

사물을 느껴요

촉각은 우리에게 사물이 어떤 느낌인지를 알려 주어요.
동물은 촉각을 이용해서 길을 찾기도 하고 먹이를 사냥하기도 한답니다.

동물의 촉각

어떤 동물은 사람과 마찬가지로 피부를 이용해 사물을 느껴요.
또 어떤 동물은 머리카락이나 콧수염을 이용해 느끼기도 해요.
또 어떤 동물은 더듬이라고 부르는 한 쌍의 기다란
감각 기관으로 느끼기도 해요.

사람의 촉각

우리가 무언가를 만지면 피부 아래에
있는 아주 작은 신경 조직들이 뇌로
정보를 보내요. 그러면 뇌가 지금
여러분이 무엇을 느끼고
있는지 알려 주어요.

사람은요!
손가락 끝에는 1만
여 개의 신경이
있어요.

바다코끼리는 기다란
콧수염이 나요. 빽빽한
콧수염 털은 아주
민감하답니다.

우리 손가락은 수많은
신경 조직이 모여 있어요.
그래서 나비처럼 가냘픈
것을 만질 때에 힘을 아주
살짝만 줄 수 있어요.

거미 다리에는 털이
숭숭 나 있어요.
이 털들은 공기의 떨림을
느낄 수 있어요. 그래서
거미는 무언가가 가까이
다가오는 것을 금방
알아챌 수 있어요.

방울뱀은 머리에 있는
두 개의 구멍으로 다른 동물
들이 뿜어내는 열을 느낄
수 있어요. 이 때문에
방울뱀은 다른 동물이 어디
있는지 정확히 알 수 있어요.

쩍쩍! 쩍쩍!

스르륵, 스르륵······!
방울뱀 정수리에 있는 두 구멍은 열 감지기예요.

뒤쥐는 냄새도 잘 맡고,
귀도 밝고, 촉각도 예민해요.
뒤쥐는 이 모든 능력을 이용해서
먹이를 사냥해요.

탁탁!

바닷가재는 두 쌍의
더듬이가 있어요. 이
더듬이를 이용해 길과
먹잇감을 찾아요.

야옹!

야옹!

고양이의 수염은
아주 예민해요. 그
덕분에 고양이들은
공기의 흐름도 느낄
수 있어요.

동물은요!
별코두더지는 주둥이 끝의
22개 돌기로 먹잇감을
찾아요.

25

맛을 보아요

우리는 혀로 음식을 맛보아요. 어떤 동물은 아주 긴 혀를 가지고 있어요.
또 어떤 동물은 강한 턱을 가지고 있어서 먹이를 잘 씹을 수 있어요.

사람의 미각
우리는 맛을 구분할 때 혀의
느낌과 코가 맡는 냄새를
이용해요. 사람은 고기, 과일,
야채 등을 모두 먹을 수 있어요.

사람은요!
여자가 남자보다 맛을
더 잘 느껴요.

혀는 음식의 맛을 알아내요.
또 입안에서 음식들을
움직일 수 있어요.

동물의 미각
고기를 먹는 동물을 육식 동물이라고
해요. 육식 동물은 커다란 이빨을
가지고 있거나 고기를 잘 씹을 수
있도록 강한 턱을 가지고 있어요.
식물을 먹고 사는 동물은 초식
동물이라고 불러요.

카멜레온은 길고 끈적끈적한 혀를 내밀어 곤충을 잡아먹어요.

꿀꺽!
꿀꺽!

하이에나는 고기를 먹어요.
하이에나는 입이 커서
영양처럼 자신보다 덩치가
큰 동물도 먹을 수 있어요.

코알라는 유칼립투스 나뭇잎을
먹고 사는데, 볼에 나뭇잎을 저장해
두었다가 다시 꺼내 먹는답니다.

사자는 육식 동물이에요.
기린이나 얼룩말 등 거의
모든 동물을 사냥하지요.

판다는 주로 대나무 잎을
먹어요. 하지만 작은 동물을
잡아먹기도 해요.

기린은 초식 동물이에요.
기린의 긴 목은 높은 곳의
나뭇가지에 닿을 수 있고,
긴 혀는 가지에서 잎을 따
먹을 수 있어요.

하마는 덩치에 비해 그리 많이
먹는 편은 아니에요. 하마는
시원한 밤이면 우적우적 풀을
뜯어먹어요.

냠냠 맛있다!

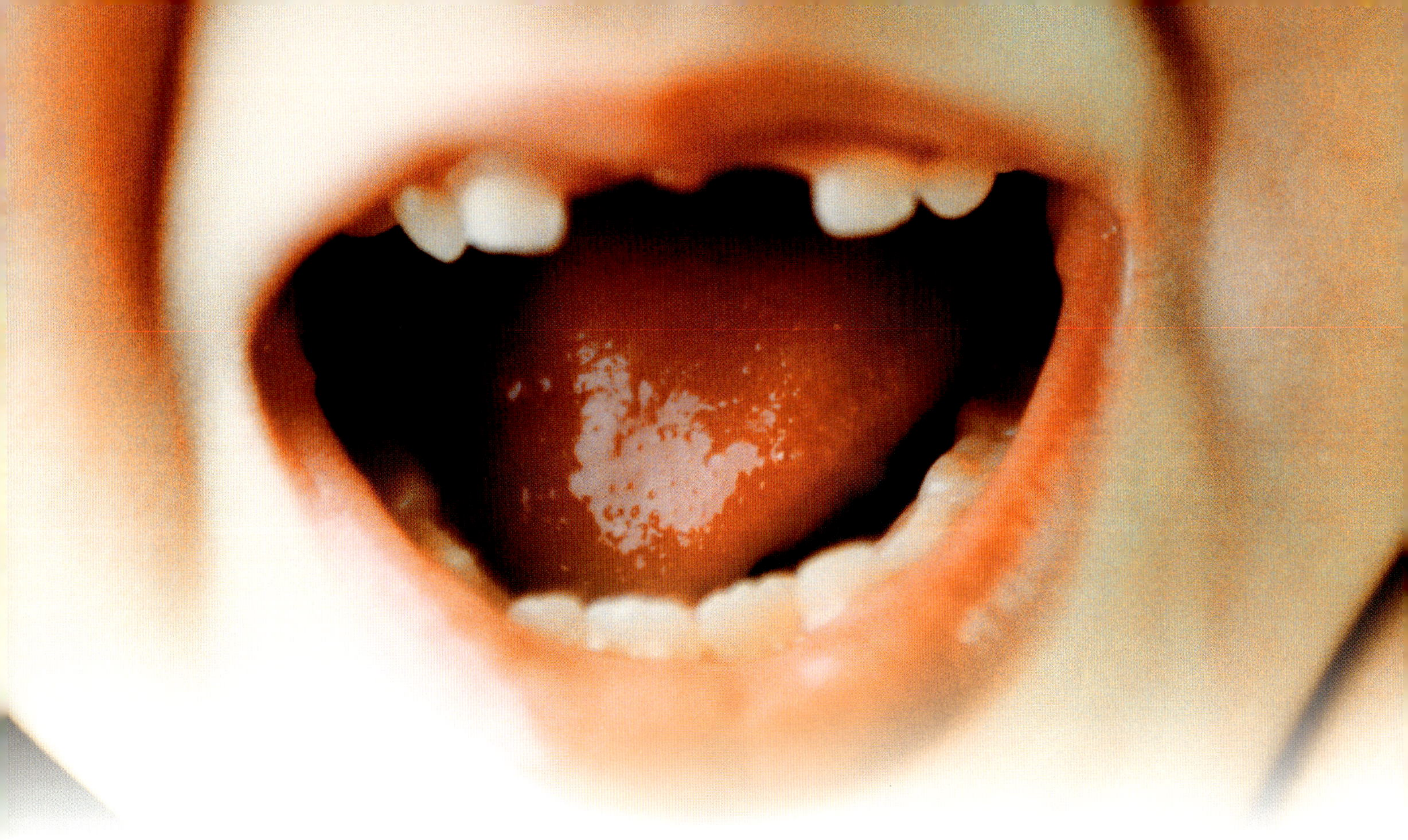

꼭꼭 **씹어**요

햄스터의 앞니는 평생 자란나요.

우리는 이로 음식을 깨물고 씹어요. 이것은 다른 동물도 마찬가지예요. 그런데 어떤 동물은 사람보다 더 큰 이를 가지고 있어요. 하지만 아예 이가 없는 동물도 있어요!

동물의 이

많은 동물들이 사람처럼 잇몸 위와 아래에 이를 가지고 있어요. 그러나 생긴 모양은 우리와 크게 달라요. 코끼리는 입 양쪽 옆에 상아라고 하는 아주 커다란 이가 난답니다.

코끼리의 엄니는 참 특이한 앞니예요. 입안에 있지 않고 입술 밖으로 자라거든요.

28

사람은요!

이의 바깥 부분은 법랑질로 되어 있어요. 법랑질은 우리 몸에서 가장 튼튼한 부분이에요.

사람의 이

아기 때 난 이를 젖니라고 해요. 젖니는 여섯 살 정도가 되면 빠지기 시작해요. 젖니가 빠지면 그 자리에 새로 이가 나는데, 이 이를 영구치라고 해요. 영구치 가운데 가장 늦게 나는 이는 사랑니예요.

사랑니!

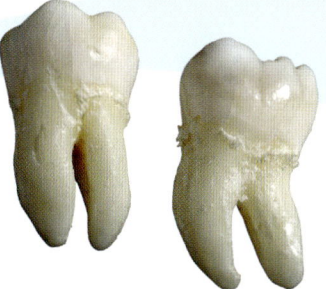

개미핥기는 이가 없어요. 개미핥기는 벌레들을 통째로 삼키기 때문에 이가 필요 없어요.

코콕! 코콕콕!

새들도 이가 없어요. 새들은 먹이를 부리로 쪼아서 잘게 부숴 먹어요.

큼큼! 큼큼!

끽끽!

동물은요!

악어는 무는 힘이 센 동물 가운데 하나예요.

돌고래는 날카롭고 뾰족한 이가 많이 나 있어서 미끌미끌한 물고기도 잘 문답니다.

상어는 이가 수백 개나 돼요. 이빨이 빠지면 그 자리에 새 이빨이 난답니다. 그래서 이가 모자랄 일도, 뭉툭해질 일도 없어요.

상어가 나타났다!

뒤쥐는 작지만 송곳같이 생긴 이로 벌레나 지렁이를 잡아먹어요.

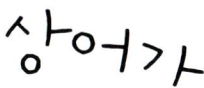

이야기를 나누어요

우리는 친구와 이야기를 할 때 소리를 내어 말을 해요. 또 손으로 신호를 보내기도 하고, 얼굴에 여러 가지 표정을 짓기도 해요. 그럼, 동물은 어떻게 이야기를 나눌까요? 놀라지 마세요. 동물들도 자신들만의 소리와 신호로 이야기를 주고받는답니다.

꿀벌은 엉덩이로 춤을 추어 꿀이 있는 꽃을 다른 꿀벌에게 알려요.

행복한 이야기
기분이 좋은 것을 꼭 말로 할 필요는 없어요. 입 꼬리가 위로 말려 올라가고, 눈이 반짝반짝 빛나면 여러분이 행복하다는 표시니까요!

침팬지들은 인사할 때 서로의 손을 만져요.

안녕?

토끼는 꼬리 아래쪽의 하얀 부분을 보이거나 뒷발로 땅을 쿵쿵 굴러서 다른 토끼들에게 위험을 알려요. 심지어는 땅속 굴에서 다른 토끼들을 부르기도 해요.

쿵쿵!

새들이 노래하는 데는 여러 가지 이유가 있어요. 짝짓기를 할 짝에게 잘 보이기 위해서이거나, 자신이 살고 있는 영역을 표시하기 위해서이거나, 어디에 먹이가 있는지 알려 주기 위해서이거나, 누군가 다가온다는 것을 알리기 위해서예요.

동물은요!
고함원숭이는 땅 위에 사는 동물 중에서 가장 시끄러운 포유류예요. 이 원숭이들의 소리는 3킬로미터 밖에서도 들린대요.

백조들은 서로에게 가까이 다가가는 행동으로 좋아한다는 걸 표시해요.

사람은요!
허파에서 공기를 강하게 밀어내면 낼수록 소리는 더 커져요.

으르렁

동물들의 이야기

호랑이처럼 사람보다 더 큰 허파를 가진 동물들은 더 큰 소리를 낼 수 있어요. 호랑이는 다른 동물들에게 가까이 오지 말라는 뜻으로 으르렁거린답니다.

쿨쿨~

몸을 **보호**해요

위험에 처했을 때, 동물들은 여러 가지 방법으로 스스로를 보호해요. 사람도 마찬가지예요. 누군가로부터 공격을 당하면 상대와 싸울지 도망갈지를 결정해요.

동물의 방어

동물들은 위험을 아주 빨리 알아차려요. 그러면 재빨리 달아나거나, 날아가거나, 변장을 하는 등 그에 알맞은 행동을 한답니다. 하지만 때로는 그 자리에 서서 맞서 싸우기도 해요.

푸드덕! 날아오르자!

오리는 위험이 닥치면 하늘로 날아오르면서 힘차게 날갯짓을 해요.

두꺼비는 다른 동물들에게 겁을 줄 때 숨을 깊이 들이마셔요. 몸집이 더 크게 보이도록 하는 거지요.

꽃등에는 말벌처럼 보여서 포식자들이 자신을 내버려 두도록 속여요. 하지만 꽃등에는 벌처럼 침을 쏘지는 못해요.

감쪽같지!

부욱!

살무사는 독니를 다른 동물의 피부에 박아넣고 독을 퍼뜨려요.

내 맛이 어떠냐?

사람의 방어

겁에 질리면 우리 몸에서는 아드레날린이 만들어져요. 아드레날린은 몸에 땀이 나게 하고, 심장이 빨리 뛰게 해요. 하지만 아드레날린은 쌩! 하고 달아날 수 있는 힘을 내주기도 해요.

달려!

사람은요!
겁을 먹으면 여자보다 남자가 더 싸우려 들어요.

사슴은 빠르게 달리면서 왼쪽 오른쪽으로 몸을 휙 돌려요. 그러면 쫓아오는 동물들이 헷갈려 하거든요.

다람쥐는 나무 위로 재빨리 뛰어올라가 다른 동물이 따라오지 못하게 해요.

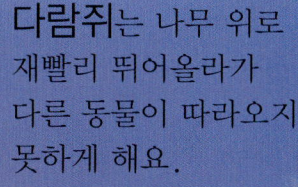

토끼는 놀라면 제자리에 얼어붙어 버려요. 그러다가 달리기 시작하면 이쪽저쪽으로 깡충깡충 뛰어요.

대벌레는 나뭇가지처럼 보이기 때문에 적으로부터 몸을 보호하기 좋아요.

알락해오라기는 늪에 자라는 수초 틈에 몸을 숨긴답니다.

꼭꼭 숨어라!

거북은 위험이 닥치면 머리와 다리를 등껍질 안으로 쏙 집어넣어요.

동물은요!
지렁이는 몸이 끊어지면 다시 자라나요.

서전피시는 꼬리지느러미 양쪽에 날카로운 가시가 돋아 있어요.

스컹크는 공격을 받으면 꼬리를 들고 고약한 냄새를 뿜어요.

뿌웅!

33

아기가 태어나요

아기의 탄생은 놀랍고 신비로운 일이에요. 사람과 대부분의 포유류는 새끼를 낳지만, 다른 많은 동물들은 알을 낳아서 새로운 가족을 이루어요.

사람은요!
사람도 가끔씩 일란성 쌍둥이를 낳아요.

사람의 아기
사람은 보통 한 번에 한 명의 아기를 낳아요. 아기는 태어나서 몇 해 동안은 엄마의 보살핌이 필요해요.

아기가 혼자 걷는 데는 거의 1년이 걸려요.

동물의 새끼
동물은 사람보다 더 많은 수의 가족을 거느려요. 그리고 동물의 새끼는 사람보다 더 빨리 자라요. 아기 영양은 태어나서 몇 시간 만에 걷는 법을 배운답니다.

킁킁!

야옹!

야옹!

고양이는 냄새로 새끼를 알아내요.

34

푸른박새는 한 번에 열두 개의 알을 낳아요.

캥거루는 새끼를 낳으면 '육아낭'이라고 하는 주머니에 넣고 다녀요. 몇 달이 지나면 새끼는 머리를 주머니 밖으로 내밀고 세상으로 뛰어나올 준비를 하지요.

푸른박새 새끼는 아주 빨리 자라요. 태어난 지 3주가 되면 둥지를 떠날 수 있어요.

개굴개굴!

안녕!

개구리는 한 번에 4,000개의 알을 낳아요. 개구리 알은 말랑말랑한 젤리로 뒤덮여 있어요.

대부분의 뱀은 알에서 깨어나요. 뱀은 알에서 나오자마자 혼자 힘으로 살아가요.

동물은요!
전갈은 새끼를 등에 업고 다닌답니다.

어미 악어는 새끼를 입안에 넣고 다녀요. 하지만 새끼가 다치는 일은 없어요.

까꿍!

가족을 이루어요

많은 동물들은 무리를 지어 새끼를 돌보아요. 어떤 동물들은 몇몇 가족이 함께 모여 새끼들을 키우기도 해요.

사람은요!
세계적으로 남자아이가 여자아이보다 더 많이 태어난답니다.

사람의 가족

사람이 이루는 가족은 수가 많기도 하고 적기도 해요. 어떤 집에는 아이가 하나인데, 어떤 집에는 여럿일 수 있지요. 아이들은 엄마 아빠 중 한 사람만 닮을 수도 있고, 양쪽 다 닮을 수도 있어요. 가끔은 할머니나 할아버지를 닮기도 해요.

찍찍! 찍찍!

생쥐는 태어나서 3주 동안 만 어미 곁에서 지내요.

오랑우탄 새끼는 어미랑 꼭 닮았어요. 새끼들은 다섯 살에서 여섯 살 때까지 어미와 함께 지내면서 먹이를 구하고, 나무에 보금자리 만드는 방법을 배워요.

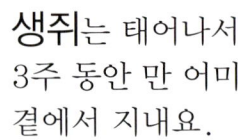

으르렁!

사자는 여러 가족이 떼를 지어 함께 살아요. 보통 두세 마리의 수사자와 최대 열두 마리의 암사자가 새끼 여러 마리를 거느려 무리를 이룬답니다.

동물의 가족

동물 중에는 새끼 때 부모를 한 번도 보지 못하는 동물도 있어요. 하지만 대부분의 동물들은 스스로 살아갈 수 있을 때까지 부모와 함께 지내요. 사람과 똑같지요.

일벌 여왕벌

동물은요!

하나의 벌집 안에 사는 모든 벌들은 한 가족이에요. 여왕벌이 알을 낳고, 알에서 깨어난 암벌들이 일벌이 되지요.

새끼 타조는 아빠 타조의 보호를 받아요. 가장 힘 센 아빠 타조가 여러 집의 타조들을 돌본답니다.

새끼 코끼리는 엄마 코끼리와 이모 코끼리의 보살핌을 받아요.

아빠 안녕!

이모 안녕!

으르렁!

으르렁!

아이들은 태어나 처음 몇 해 동안 쑥쑥 자라요.

쑥쑥 자라요

우리 몸은 태어나 자라면서 모습이 변해요. 변화는 천천히 일어나지요. 어떤 동물은 다 자라면 완전히 다른 모습이 되기도 해요.

사람의 성장

아기 때에는 머리가 몸의 다른 부분에 비해 훨씬 더 커요. 반대로 다리는 짧고요. 아이가 자랄 때는 팔과 다리가 머리보다 더 빨리 자란답니다.

사람은요!
아기는 봄에 더 빨리 자란다고 해요.

똑바로 서 보자!

하프물범의 새끼는 어미에게서 영양가가 풍부한 젖을 받아먹어요. 그래서 태어난 지 9일 만에 몸무게가 세 배로 늘어난답니다.

당나귀 새끼는 사람과 반대로 긴 다리를 가지고 태어나지요.

38

나비는 아래 그림처럼 네 단계를 거쳐 자라요. 처음에는 알에서 시작해요.

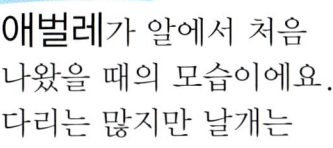

애벌레가 알에서 처음 나왔을 때의 모습이에요. 다리는 많지만 날개는 아직 없어요.

번데기는 애벌레가 실을 내어 만든 고치 속에 들어가 있는 단계예요. 고치 안에서 애벌레는 몸의 모양이 바뀌어요.

마침내 고치에서 나비가 모습을 드러내요. 나비는 날개를 펴고……

하늘로 훨훨 날아가요!

안녕!

동물의 성장

어떤 동물은 자라면서 새끼 때의 몸과 완전히 다르게 변해요. 그래서 다 자라면 예전과는 다르게 행동하지요. 예를 들어 올챙이는 물속에서만 살 수 있지만, 완전히 자란 개구리는 물속에서도 땅 위에서도 살 수 있어요.

홍학은 갓 태어났을 때는 작고 곧은 부리를 가지고 있어요. 하지만 몇 주가 지나면, 부리가 쑥쑥 자라 어른 홍학의 부리처럼 길고 구부정하게 된답니다.

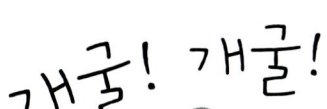

개굴! 개굴!

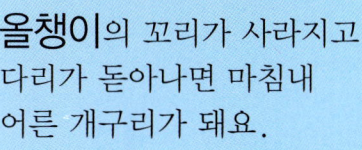

개구리는 젤리로 뭉쳐져 있는 개구리 알에서부터 삶을 시작해요.

알에서 꼬리로 헤엄치는 올챙이가 깨어나요.

올챙이의 꼬리가 사라지고 다리가 돋아나면 마침내 어른 개구리가 돼요.

나이를 먹어요

사람은 어른이 되면 더 이상 자라지 않아요. 그리고 마흔 살 정도부터 늙어가는 표시가 몸에 나타나요. 그러나 어떤 동물은 평생 자라기도 해요.

사람의 노화

우리는 스무 살 정도가 되면 완전히 자라게 돼요. 하지만 그 후로도 몇 해 동안은 근육이 더 자라고, 뼈도 더 단단해져요. 늙었다는 표시는 아주 다양하게 나타나요.

사람은 나이가 들수록 머리카락이 하얗게 세고, 피부는 주름이 많아져요.

사람은요!

갈비뼈는 우리 몸에서 가장 나중에 단단해지는 뼈에요. 대개 스물다섯 살 정도가 되었을 때 단단해져요.

북극고래는 포유류 가운데 가장 오래 사는 동물이에요. 어떤 북극고래는 150년도 넘게 살아요.

자이언트 대합조개는 바다 밑바닥에 한번 자리를 잡으면 100년 이상 그 자리에 머물러요.

대머리 할아버지……

침팬지도 나이가 들면 사람처럼 머리가 벗겨진답니다!

동물은요!
왕도마뱀은 평생 동안
계속 자란대요.

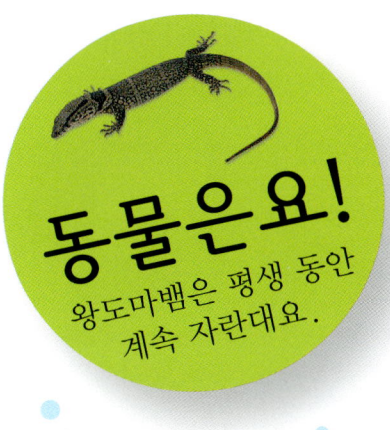

동물의 노화

동물의 수명은 제각각이에요. 며칠밖에 살지 못하는 동물이 있는가 하면, 100년이 넘게 사는 동물도 있어요. 야생에서 사는 동물들은 잘 늙지 않는 편이고, 사람처럼 행동이 느릿느릿해지지도 않아요. 대부분 늙어서도 활발하게 움직여요.

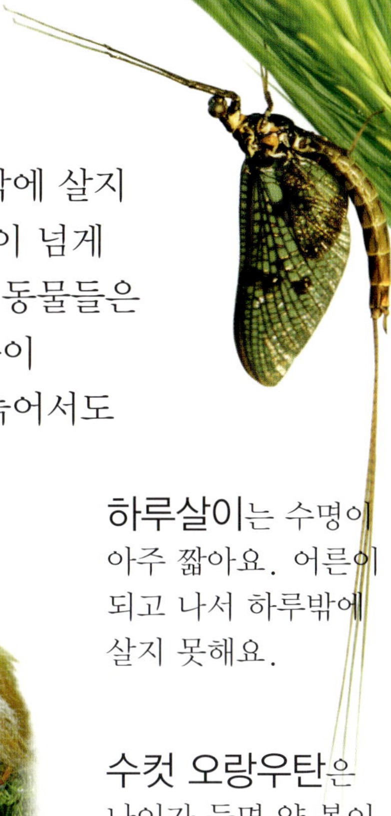

하루살이는 수명이 아주 짧아요. 어른이 되고 나서 하루밖에 살지 못해요.

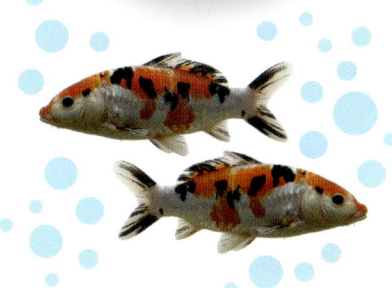

비단잉어는 저수지나 연못에서 거의 200년을 살 수 있어요.

수컷 오랑우탄은 나이가 들면 양 볼이 축 처지고 턱에 주름이 생겨요.

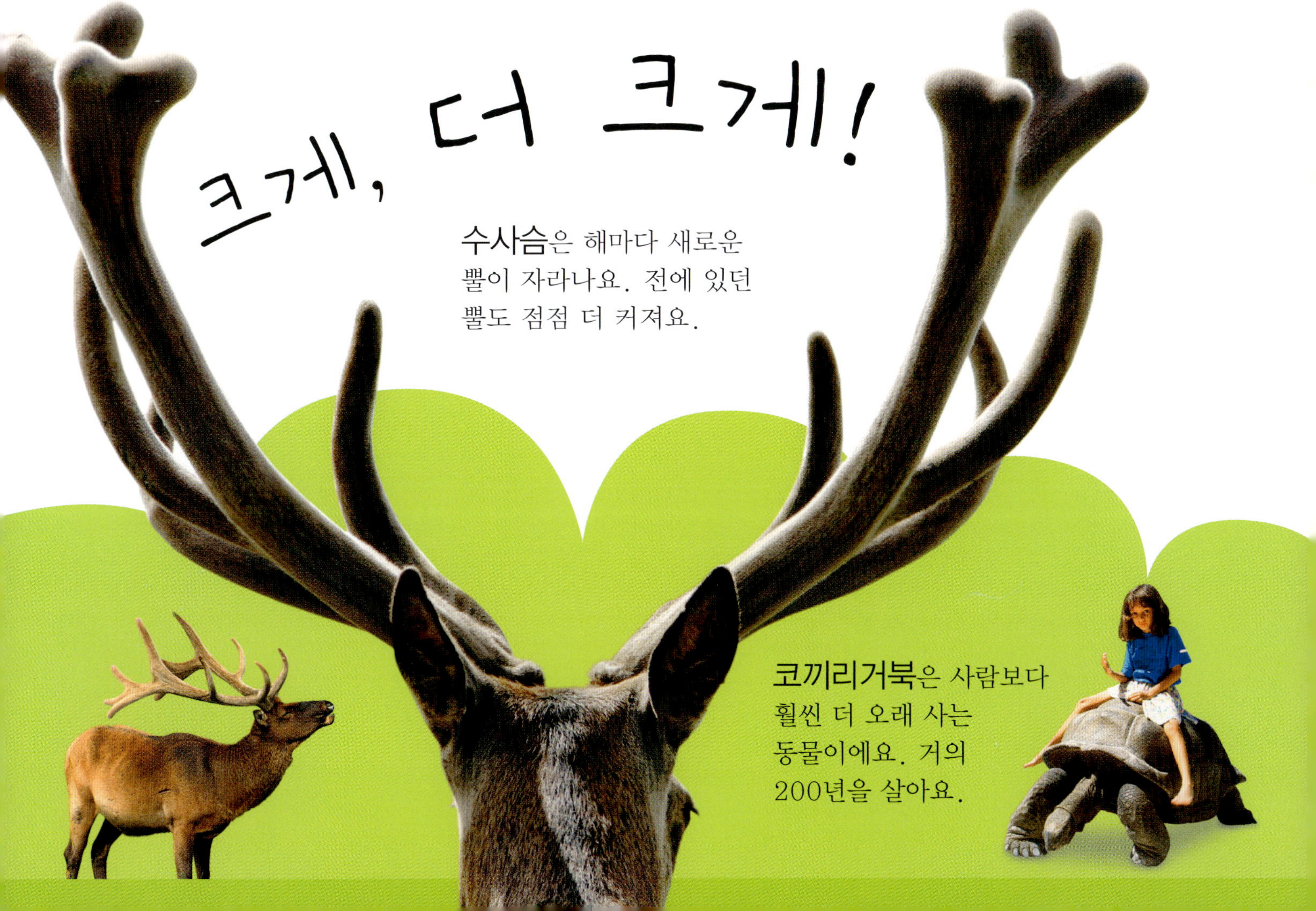

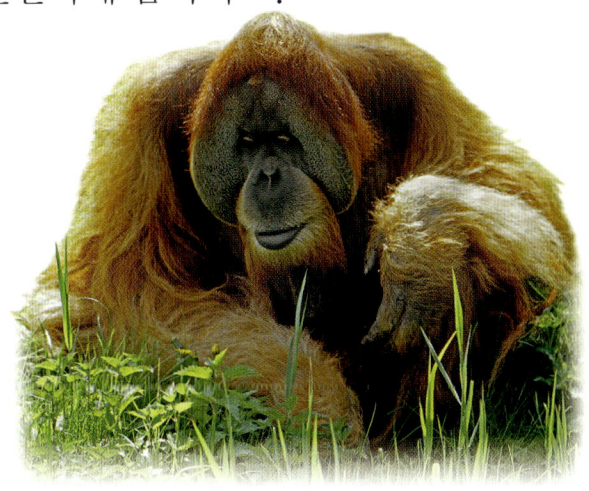

크게, 더 크게!

수사슴은 해마다 새로운 뿔이 자라나요. 전에 있던 뿔도 점점 더 커져요.

코끼리거북은 사람보다 훨씬 더 오래 사는 동물이에요. 거의 200년을 살아요.

칼새는 하늘을 날면서도 잘 수 있어요.

사람은요!
우리는 자면서 늘 꿈을 꾸지만, 그 꿈을 다 기억하지는 못해요.

우리는 옆으로 누워 몸을 웅크리고 자기도 해요.

안녕, 잘 자!

잠을 자요

잠은 우리가 살아가는 데 꼭 필요한 거예요. 사람뿐만 아니라 모든 동물들은 반드시 잠을 자야 해요. 잠자는 동안 지친 몸을 쉬고, 다시 힘을 모아 건강해지는 거예요.

표범은 하루 종일 나뭇가지에서 쉬면서 지내요. 잠자는 동안 표범은 사냥할 때 필요한 힘을 얻는답니다.

사람의 잠
잠들었을 때 우리의 심장은 천천히 뛰어요. 숨은 느려지고, 근육도 느슨해져요. 사람은 보통 하루에 여덟 시간씩 잠을 자요. 살아 있는 시간의 3분의 1을 잠으로 보내는 거지요.

쿨쿨

기린은 하루에 두 시간밖에 잠을 자지 않는데, 서서 잠을 자요. 말도 기린처럼 서서 잠을 잔답니다.

동물의 잠
박쥐, 고슴도치, 생쥐 같은 몇몇
포유류들은 겨울 동안 깊은 잠에 빠져요.
이것을 '동면'이라고 해요.

박쥐는 낮에는 동굴의 벽이나
바위 틈에 거꾸로 매달려 잠을 자요.
과일을 먹고 사는 큰박쥐는 날개를
담요 삼아 자기 몸을 감싸고 자요.

물고기는 눈꺼풀이 없어서
눈을 뜬 채로 잠을 자요.

동물은요!
돌고래는 잠을 잘 때 뇌의 절반만
쉬고 있어요. 쉬지 않는 한쪽
뇌는 위험하지 않도록
조심하는 일을 해요.

침팬지는 나무에
잠자리를 마련한 다음 몸을
옹크리고 잠을 자요.

고양이는 잠을 많이 자는
편이에요. 하지만 얕게
자기 때문에 금방금방
잠에서 깨요. 이 또한
적으로부터 자신을
보호하는 한 방법이에요.

비단뱀은 하루에 열두 시간
정도를 자요. 하지만 눈꺼풀이
없어서 눈을 감고 잘 수는 없어요.

쌕쌕······

코알라는 하루에 스무 시간
정도를 자요. 코알라는 먹은 것을
소화하는 데 시간이 오래 걸려요.
그래서 많이 쉬어야 해요.

누가 **최고**일까요?

세상에서 가장 빠르거나 가장 느리거나, 이빨이 가장 많거나 가장 적거나, 가장 똑똑하거나
가장 어리석은 동물은 누구일까요? 여기 놀라운 기록을 가진 동물들을 만나 보세요.

속도

치타는 시속 120킬로미터까지 달릴 수 있어요. 땅에 사는 동물 가운데 가장 빨라요.

잠자리는 시속 85킬로미터로 날 수 있어요. 날아다니는 곤충 가운데 가장 빨라요.

세발가락나무늘보는 한 시간에 160미터를 움직여요. 땅에서 가장 느린 포유류랍니다.

털

북극여우의 털은 땅에 사는 포유류 가운데 가장 부드러워요.

크기

흰긴수염고래는 몸길이가 34미터나 되는 가장 큰 동물이에요.

킹코브라는 5.6미터까지 자라요. 독사 중에서 가장 길이요.

아틀라스나방은 크기가 30센티미터나 되는 나방이에요.

지능

사람은 포유류 가운데 가장 영리한 동물이에요.

후각

개는 냄새를 가장 잘 맡는 동물이에요. 사람과 비교했을 때 약 100만 배 더 뛰어나답니다.

수영

향유고래는 바닷속 3,000미터까지 내려갈 수 있어요. 포유류 가운데 가장 깊이 잠수하는 동물이에요.

발

자카나의 발은 10센티미터나 돼요. 다리가 긴 새 중에 가장 길어요.

미각

큰개미핥기의 혀 길이가 60센티미터나 돼요. 땅에 사는 동물 가운데 가장 길답니다.

이빨

상어는 이빨이 3,000개나 있대요.

수명

코끼리거북은 200년 가까이 살 수 있어요. 최고로 오래 사는 동물이지요.

눈

대왕오징어는 눈 크기가 28센티미터나 돼요. 동물 가운데 가장 커요.

귀

코끼리는 큰 귀를 가지고 있어요. 아프리카코끼리는 귀 폭이 107센티미터나 돼요.

문어는 무척추동물 가운데 가장 영리해요.

용어 설명

감각
몸 안이나 바깥의 변화를 알아차리는 능력을 말해요.

기관
몸을 이루는 부분으로, 기관마다 맡은 일을 해요.

냉혈 동물
차가운 피를 가진 동물로 피부가 얇고 축축해요. 땅에서 살기도 하고 물에서 살기도 해요.

더듬이
무척추동물이 가지고 있는 감각 기관으로 먹이를 찾을 때 사용해요.

동면
겨우내 잠을 자는 것을 말해요. 겨울잠이라고도 해요.

동물
몸을 움직일 수 있고, 먹이를 먹어 소화를 시키고, 배설을 하며, 숨을 쉬는 기관이 나누어져 있는 생물을 말해요.

딱지날개
딱정벌레류의 겉날개로 날개가 단단하여 속날개와 배를 보호해요.

마디
곤충류의 몸을 이루는 낱낱의 부분을 말해요.

맹금류
고기를 먹고, 날카로운 발톱과 부리를 가지고 있는 새들을 이르는 말이에요.

먹잇감
다른 동물에게 먹히거나 죽임을 당하는 동물을 말해요.

무척추동물
척추가 없는 동물을 이르는 말이에요. 나비 같은 곤충류가 무척추동물이에요.

물갈퀴
발가락 사이를 연결시켜 주는 엷은 피부. 개구리, 기러기, 오리 따위에서 볼 수 있어요. 헤엄을 치는 데 편리해요.

비늘
어류나 파충류의 온몸을 뒤덮고 있는 작은 조각이에요.

사물
우리가 살고 있는 이 세상에 있는 것들로, 모양을 이루고 있어요.

사자 떼
같이 살아가는 사자의 무리를 이르는 말이에요.

산소
공기를 이루는 기체의 하나로, 동식물이 숨을 쉴 때 꼭 필요해요.

신경
몸의 각 부분을 뇌와 이어 주는 기관이에요.

아가미
어류가 물속에서 숨을 쉴 수 있도록 해 주는 기관이에요.

아드레날린
몸에서 만들어지는 화학 물질로 우리가 긴장했을 때 에너지를 전달해요.

올챙이
개구리나 두꺼비가 완전히 자라기 전의 상태를 말해요.

육식 동물
고기를 먹는 동물을 말해요.

일란성 쌍둥이
하나의 난자와 하나의 정자가 만나 생긴 쌍둥이. 생김새나 성격이 무척 비슷해요.

잡식 동물
고기와 야채를 모두 먹는 동물을 말해요. 우리 사람은 잡식 동물이에요.

적응
어류가 물속에서 살 수 있는 것같이 특별한 조건에 잘 맞게 된 상태를 이르는 말이에요.

척추동물
등뼈를 가지고 있는 동물로 사람을 포함한 모든 포유류가 여기에 들어가요.

초식 동물
식물을 주로 먹고 고기를 먹지 않는 동물을 말해요.

파충류
냉혈 동물로 피부는 건조하고 비늘을 가지고 있어요. 때로는 골편이라 부르는 딱딱한 껍질을 가지고 있기도 해요.

포식자
다른 동물을 잡아먹기 위해 사냥을 하는 동물을 말해요.

포유류
피가 따뜻한 동물로 겉은 모피나 털로 덮여 있어요. 포유류는 허파로 숨을 쉬고, 어렸을 때는 어미의 젖을 먹어요.

찾아보기

ㄱ

가젤 19
가족 36, 37
개 15, 17, 23, 45
개구리 5, 7, 12, 13, 14, 35, 39
개미 17
개미핥기 23, 29
거미 5, 7, 19, 25
거북 5, 8, 13, 33, 41, 45
고래 4, 9, 15, 40, 44, 45
고릴라 4
고양이 7, 9, 25, 34, 43
곤충 5, 7, 9, 13
귀 20, 21, 45
귀뚜라미 20
기린 27, 42
깃털 9

ㄴ

나무늘보 13, 44
나방 13, 44
나비 5, 13, 24, 39
낙타 23
뇌 13, 16, 17, 18
눈 18, 19, 45

ㄷ

다람쥐 11, 33
달팽이 13
당나귀 새끼 38
도마뱀 19, 41
도마뱀붙이 5
돌고래 17, 20, 21, 29, 43
동물의 갈래 4
돼지 23
두꺼비 32
두더지 11, 12, 25

ㄷ

뒤쥐 25, 29
딱정벌레 7

ㅁ

말 4, 11, 14, 42
메뚜기 13
무당벌레 9
무척추동물 5, 7
문어 5, 15, 16, 17, 45
물고기 5, 7, 8, 14, 15, 43
미각 26

ㅂ

바다사자 17
바다코끼리 24
바다표범 4
바닷가재 25
박쥐 13, 20, 21, 43
발 10, 11, 45
발굽 11
방어 32, 33
백조 31
뱀 13, 22, 25, 35, 43
벌 30, 37
뼈 6, 7, 40

ㅅ

사람 34, 36, 44
사슴 33, 41
사자 27, 36
살무사 32
상어 29, 45
새 9, 19, 29, 31
생쥐 36, 43
속도 12, 44
수명 41, 45
수영 14, 15, 45

ㅅ

스컹크 33

ㅇ

아기 34
악어 5, 29, 35
안경원숭이 18
알 35
애벌레 39
앵무새 17
양 16
양서류 5
어류 5, 7
얼룩말 27
여우 20, 44
영양 12, 27, 34
오리 11, 32
오징어 45
올빼미 4, 18, 19
올챙이 39
오랑우탄 36, 41
원숭이 31
이 28, 29
이야기 30, 31

ㅈ

자이언트 대합조개 40
자카나 45
잠 42, 43
잠자리 5, 13, 44
장어 5
전갈 35
조류 4, 7
지네 5
지능 16, 45

ㅊ

척추동물 7

ㅊ

치타 12, 44
침팬지 16, 30, 40, 43

ㅋ

카멜레온 18, 26
칼새 42
캥거루 11, 13, 35
코 22, 23
코끼리 10, 16, 20, 22, 28, 37, 45
코뿔소 9
코알라 27, 43
콧수염 24
크기 44
큰개미핥기 45
킹코브라 44

ㅌ

타조 11, 37
토끼 30, 33

ㅍ

파리 19, 27
파충류 5
판다 4, 27
펭귄 4
포유류 4, 7, 15
표범 42
피부 8, 9, 11, 24

ㅎ

하마 27
하이에나 27
해마 15
해파리 15
햄스터 28
호랑이 31
홍학 4, 39